AF495332

MÉMOIRES

PRÉSENTÉS PAR DIVERS SAVANTS

À L'ACADÉMIE DES SCIENCES DE L'INSTITUT DE FRANCE

EXTRAIT DU TOME XXXII

MACHINES À CALCULER

PAR

M. L. TORRES

INGÉNIEUR DES PONTS ET CHAUSSÉES EN ESPAGNE

PARIS

IMPRIMERIE NATIONALE

MDCCCCI

MÉMOIRES

PRÉSENTÉS PAR DIVERS SAVANTS

À L'ACADÉMIE DES SCIENCES

DE L'INSTITUT NATIONAL DE FRANCE.

TOME XXXII. — N° 9.

MACHINES À CALCULER,

PAR

M. L. TORRES,

INGÉNIEUR DES PONTS ET CHAUSSÉES EN ESPAGNE.

I

OBJET DE CETTE ÉTUDE.

On exprime souvent, en mécanique, les liaisons qui existent entre les différents points d'un système en écrivant les équations de condition que ces liaisons établissent entre les valeurs simultanées des coordonnées de ces points. Les liaisons se trouvent ainsi parfaitement définies; elles permettent tout mouvement compatible avec les équations et empêchent tout mouvement qui soit incompatible avec celles-ci. Imaginons, pour fixer les idées, qu'on ait construit un système dans lequel le nombre de points liés soit n et le nombre d'équations, établies par les liaisons entre les valeurs simultanées de leurs $3n$ coordonnées, soit k. Nous pourrons faire varier arbitrairement $3n-k$ de ces coordonnées, car à chaque instant, aux $3n-k$ valeurs de ces variables, que nous avons prises comme

IMPRIMERIE NATIONALE.

indépendantes, correspondront, pour les k coordonnées restantes, k valeurs tirées des équations de condition, et précisément le système doit, par définition, coordonner les mouvements de tous ses points de telle sorte que les équations soient constamment vérifiées.

On pourra donc dire qu'en construisant un pareil système on construit les équations qui définissent les liaisons, et on voit sans peine comment on peut l'utiliser pour résoudre ces équations, c'est-à-dire pour calculer les inconnues en fonction des variables indépendantes.

Généralement nous ne considérerons pas de points pouvant se mouvoir dans toutes les directions, mais seulement des points qui se déplacent sur une ligne déterminée. Nous appellerons déplacement d'un point, ou d'un mobile, le chemin par lui parcouru sur sa trajectoire à partir d'un point fixe, pris arbitrairement pour origine; chaque mobile représentera une variable, et la machine devra établir entre les valeurs simultanées des déplacements de tous les points considérés les relations exprimées par la formule qu'on veut construire.

Il n'est pourtant pas nécessaire que le déplacement soit proportionnel à la variable représentée; il suffit qu'il soit une fonction quelconque de cette variable. En d'autres termes, on peut employer des échelles de fonction pour représenter les variables.

Supposons qu'on ait construit entre plusieurs déplacements X, Y, Z, ... le système d'équations (1)

$$(1)\qquad \begin{cases} F\ (X, Y, Z, \ldots) = 0, \\ F_1 (X, Y, Z, \ldots) = 0, \\ F_2 (X, Y, Z, \ldots) = 0, \\ \ldots\ldots\ldots\ldots\ldots\ldots \\ \ldots\ldots\ldots\ldots\ldots\ldots \end{cases}$$

Appelons $x, y, z, \ldots$ les variables représentées par ces déplacements et soient $X = \varphi(x)$, $Y = \psi(y)$, $Z = \pi(z)$, les échelles de fonction employées. Il existera entre les valeurs simultanées des variables les équations (2)

$$(2) \quad \begin{cases} F\ [\varphi(x),\ \psi(y),\ \pi(z),\ \ldots] = 0, \\ F_1\ [\varphi(x),\ \psi(y),\ \pi(z),\ \ldots] = 0, \\ F_2\ [\varphi(x),\ \psi(y),\ \pi(z),\ \ldots] = 0, \\ \ldots\ldots\ldots\ldots\ldots\ldots \\ \ldots\ldots\ldots\ldots\ldots\ldots \end{cases}$$

Nous dirons parfois, quand il conviendra de faire cette distinction, que le système (1) est construit et le système (2) est représenté.

On comprend de suite l'importance que peut avoir cette remarque pour simplifier la construction d'une machine. Ainsi, par exemple, l'appareil figure 1 établit, au moyen des liaisons qui sont clairement indiquées par la figure, la relation $z = \frac{1}{2}(x + y)$, tandis que l'appareil figure 2 établit la relation $z = x \times y$. Les liaisons sont les mêmes dans les deux cas, mais dans le second on a employé des graduations logarithmiques.

J'ai divisé ce mémoire en deux parties. Dans la première, purement théorique, je considère des appareils qui sont, à vrai dire, de pures abstractions, comme les systèmes de la mécanique rationnelle. Ils sont construits avec des corps parfaitement durs, de forme géométrique parfaite, sans frottement, etc. Et je démontre que, dans ces conditions, il est possible de construire un système quelconque d'équations.

Dans la seconde partie j'examine les difficultés pratiques que présente la construction des équations et j'indique comment on peut les lever dans la construction des équations algébriques.

II

FONCTION D'UNE SEULE VARIABLE INDÉPENDANTE.

La construction d'une telle fonction est un problème très étudié; on peut le résoudre de mille manières différentes; on peut, par exemple, employer l'appareil figure 3, qui permet de construire une fonction quelconque en choisissant arbitrairement les trajectoires des deux mobiles. La figure représente un système composé de deux tiges articulées, dont le point d'articulation glisse sur la courbe C (la forme de cette courbe est déterminée par la fonction à construire), tandis que les points x et y glissent sur des courbes X et Y choisies arbitrairement.

On peut représenter avec la même facilité un nombre quelconque de déterminations quand il y en a plusieurs.

Quand les déterminations construites, ou quelqu'une d'entre elles, n'ont pas de valeur réelle pour certaines valeurs de la variable, on ne pourra pas représenter ces dernières dans la machine. La figure 4 le fait voir pour un cas spécial. On y voit deux déterminations, y', y'', qui prendront une même valeur quand les deux tiges qui concourent au point x prendront la position mn. Il est évident que la courbe représentée en coordonnées cartésiennes par l'équation $y=\varphi(x)$, construite dans cet appareil, présente une tangente verticale pour $x=n$ et que pour $x<n$ (en supposant que les valeurs x croissent en marchant dans le sens indiqué par la flèche) y deviendra imaginaire.

Si on construit, par exemple, d'une façon quelconque, la fonction représentée par la courbe figure 5, on pourra représenter les déterminations

$$\left\{\begin{array}{l} ab \\ ab,\ de \\ ab,\ bc \\ ab,\ bc,\ cd,\ de \end{array}\right\} \text{ si les limites de la variable sont } \left\{\begin{array}{l} o\ x_3 \\ o_1\,x_3 \\ x_1\,x_3 \\ x_1\,x_2 \end{array}\right\}$$

Les cas d'impossibilité ou d'indétermination de mouvement (généralement des points morts) se présentent quand le rapport des vitesses est infini ou indéterminé. Ce sont là des cas spéciaux, qu'il faut traiter séparément, comme les points singuliers des courbes et les valeurs critiques des fonctions.

III

FONCTIONS EXPLICITES DE PLUSIEURS VARIABLES.

Quand les variables indépendantes sont au nombre de deux, on pourrait, en théorie, construire la fonction synthétiquement, en matérialisant la surface représentée et en donnant le moyen de lire les valeurs des trois coordonnées d'un point obligé à rester sur cette surface.

Mais le procédé analytique, applicable à un nombre quelconque de variables, sera en général plus avantageux.

Pour calculer par le procédé ordinaire une valeur y en fonction de plusieurs valeurs données x_1, x_2, x_3, ..., dont elle dépend suivant une certaine loi, formulée analytiquement,

$$y = F(x_1, x_2, x_3, \dots) \tag{1}$$

on exécute une à une les opérations indiquées, qui se réduisent, en dernière analyse, à déterminer une valeur en fonction d'une autre (fonctions circulaires, exponentielles, logarithmiques, elliptiques, etc.) ou en fonction de deux autres, par le moyen d'une des quatre opérations de l'arithmétique.

Nous savons déjà construire une valeur en fonction d'une autre, voyons comment on peut exécuter les quatre opérations arithmétiques.

L'appareil figure 6 permet d'obtenir la somme ou la différence de deux valeurs données. Chacune des tiges v, v', v'' peut glisser dans le sens de sa longueur, le point o est un point fixe et les points m', m'' glissent sur la tige ab. On voit tout de suite sur la figure que, grâce au système articulé qui y est représenté, nous aurons entre les trois déplacements x, y, z la relation voulue $z=x+y$.

L'appareil figure 7 permet d'obtenir le produit ou le quotient de deux valeurs données. Chacune des tiges v, v', v'' peut glisser dans le sens de sa longueur, la tige cd peut pivoter autour du point fixe o, la distance du point o à la tige v'' est égale à l'unité et le point $\left\{\begin{matrix} m \\ m' \\ m'' \end{matrix}\right\}$ placé au bout de la tige $\left\{\begin{matrix} v \\ v' \\ v'' \end{matrix}\right\}$ peut glisser sur le côté $\left\{\begin{matrix} ab \\ ab \\ cd \end{matrix}\right\}$ du parallélogramme articulé. Les deux triangles semblables $m'om$, oem'' donnent la relation $\frac{m'o}{om}=\frac{oe}{em''}$, ou bien (puisque l'on a $oe=1$) $m'o \times em'' = om$. L'appareil impose donc entre les trois déplacements considérés le rapport $z=x\times y$. Si on fait en même temps $y=0$ et $z=0$, les quatre tiges qui forment le parallélogramme viennent se placer sur la ligne em' et la valeur x reste indéterminée. Si on fait en même temps $y=0$ et $z=0$, les deux points m, m' coïncident avec le point o, le parallélogramme peut tourner autour de ce point et x reste indéterminé. L'appareil accuse ainsi, dans les deux cas, l'indétermination $\frac{0}{0}$.

Nous sommes donc en mesure d'exécuter mécaniquement chacune des opérations élémentaires nécessaires pour calculer y en fonction de x_1, x_2, x_3, ... d'après la formule (1). Pour construire cette valeur y, on construira un appareil pour chacune des opérations élémentaires et on liera ces appareils les uns aux autres, dans l'ordre indiqué par la formule. Le déplacement obtenu comme résultat de l'opération réalisée par un appareil interviendra, comme déplacement d'une variable indépendante, dans l'appareil suivant, et on obtiendra ainsi, mécaniquement, les mêmes valeurs successives que par le procédé ordinaire.

Pour représenter schématiquement ces constructions, je me servirai des symboles figure 8, dont voici la signification précise.

Le symbole A ou A' indique que les liaisons mécaniques établies entre les deux points x et y imposent entre les valeurs simultanées des déplacements de ces points la relation écrite sur la figure. On peut construire une seule détermination (symbole A) ou plusieurs déterminations (symbole A′) de la fonction construite.

Le symbole $\left\{ \begin{matrix} B \\ C \end{matrix} \right\}$ indique que les liaisons mécaniques établies entre les points x, y, z imposent entre les valeurs simultanées des déplacements de ces trois points la relation $\left\{ \begin{matrix} z = x + y \\ z = x \times y \end{matrix} \right\}$.

En outre, une ligne fine reliant deux points indique que ces deux points sont liés mécaniquement, de telle sorte que les valeurs simultanées de leurs déplacements seront constamment égales.

Les figures 9, 10 et 11 montrent clairement, d'après ces conventions, la manière de construire les formules écrites sur ces figures. Il en serait de même de toute autre fonction explicite de plusieurs variables.

Je simplifierai encore les schémas, quand il n'y aura pas d'intérêt à indiquer la composition d'une machine, en indiquant par le symbole figure 12 qu'on a établi entre les points x, y, z, u, α les liaisons mécaniques nécessaires pour construire la formule qu'on voit écrite sur la figure.

On peut appliquer ce même procédé aux fonctions à une seule variable indépendante, ce qui permettrait de limiter le nombre des types de mécanismes à employer. Il faudrait un type de mécanisme pour chaque fonction élémentaire, et il est aisé de voir que les fonctions algébriques et circulaires peuvent être construites sans qu'il soit nécessaire d'employer ni roulettes ni cames. Les autres transcendantes irréductibles exigeront chacune une came spéciale; toutefois une même came suffit pour une fonction et son inverse; par exemple, la fonction logarithmique et la fonction exponentielle.

IV

RÉSOLUTION D'ÉQUATIONS.

En algèbre, ce problème revient à exprimer les relations données sous une forme différente.

En cinématique, ce problème ne se pose pas. Les relations sont non pas exprimées mais imposées, construites, et elles régissent le mouvement de la machine, quelles que soient les variables indépendantes qu'on choisisse.

Soit donnée l'équation

$$F(x, y, z, u) = 0.$$

Construisons la machine figure 12, donnons aux variables indépendantes des valeurs particulières telles que α devienne égale à zéro, et immobilisons le point α dans cette position. L'équation donnée est construite; il n'y a qu'à attribuer des valeurs arbitraires à trois de ses variables pour obtenir la valeur de la quatrième.

J'emploierai dorénavant le symbole figure 13 pour indiquer qu'on a construit entre les valeurs simultanées des déplacements x, y, z, u l'équation écrite sur la figure.

On peut, sans difficulté, représenter plusieurs racines d'une équation, ou plusieurs systèmes de racines d'un système d'équations. Il faudra pour cela construire toutes les équations données, non pas sur une seule machine, mais sur autant de machines qu'il y a de systèmes de racines à représenter. Il est clair que les moteurs de ces machines, c'est-à-dire les mobiles qui, dans ces machines, représentent les variables indépendantes, seront les mêmes pour toutes; s'il n'en était pas ainsi, il faudrait lier mécaniquement ces mobiles de telle sorte que les valeurs simultanées de leurs déplacements fussent constamment égales. En général, *on peut construire un système quelconque d'équations simultanées en représentant un nombre quelconque de systèmes de racines.*

Comme exemples, j'ai représenté schématiquement la construction de :

Une équation avec une inconnue; trois racines, figures 14 et 15.

Deux équations avec deux inconnues; un système de racines, figure 16.

Deux équations avec deux inconnues; deux systèmes de racines, figure 17.

V

ÉQUATIONS DIFFÉRENTIELLES.

Soit une équation où entrent, comme variables, les déplacements de certains points et, en outre, certains rapports de vitesses entre ces points pris deux à deux. Ce sera là une équation différentielle. Pour la construire, il faut avant tout représenter mécaniquement chaque dérivée par un mobile dont le déplacement soit proportionnel à la valeur de la dérivée qu'il représente.

Ce résultat peut être obtenu de plusieurs manières, par l'emploi de roulettes. La figure 18 représente une solution que j'ai prise comme exemple. Chacune des tiges u, v, v' peut glisser dans le sens de sa longueur; les points c, c', o, o' sont fixes sur la plaque π; le système articulé $aa'bb'cc'$ maintient la plaque P toujours dans la même orientation, tout en lui permettant de glisser librement sur la plaque π; la pièce M porte une roulette R, qui tourne sur son arbre hi, et une rainure rectiligne sur laquelle glisse le point n', fixé à l'extrémité de la tige v'; le système articulé formé par la pièce M et les tiges ff', gg', eg, $e'g'$ fait que l'arbre de la roulette hi peut tourner autour d'un axe vertical qui passe par le centre de la roulette, tout en maintenant cet axe idéal immobile par rapport à la plaque π; chacune des deux tiges u, v porte à son extrémité un bouton (m, n) qui glisse sur la rainure correspondante de la plaque P; la roulette R est en contact avec la plaque P, sur laquelle elle roule sans glissement; la distance $\alpha\beta$ est égale à l'unité. Ces liaisons établies, si nous déplaçons le point x, la plaque P se mettra en mouvement, mais, comme elle ne peut pas glisser sur la roulette R, elle suivra nécessairement la direction de cette roulette; les boutons m, n glisseront chacun sur sa rainure et le point y se déplacera sur son échelle. Le rapport de vitesse $\frac{dy}{dx}$ est donc proportionnel à la tangente de l'angle que fait la direction de la roulette avec la tige u, ou, en d'autres termes, $\frac{dy}{dx}=y'$.

IMPRIMERIE NATIONALE.

Dans les schémas, je représenterai un appareil comme celui que je viens de décrire par le symbole, figure 19, en ayant toujours soin de représenter la fonction par le point situé à gauche (y) et sa dérivée par le point situé à droite (y'). Quand il y aura plusieurs dérivées prises par rapport à une même variable, j'emploierai pour l'indiquer le symbole figure 20.

En liant mécaniquement x, y, y' (fig. 21) de manière à construire l'équation $F(x, y, y') = 0$, on a construit une équation différentielle de premier ordre.

En faisant marcher x on fait en même temps marcher y, et y' se détermine à chaque instant en vertu des liaisons imposées par l'équation construite.

On peut partir d'une paire quelconque de valeurs x et y et, généralement, on obtiendra chaque fois une intégrale particulière différente.

Les machines mettent aussi en évidence les solutions singulières.

En étudiant la construction des équations différentielles, j'ai été amené à remarquer que si dans l'équation $F(x, y, y') = 0$ la valeur y' devient indéterminée quand une certaine relation, $f(x, y) = 0$, est satisfaite, la courbe définie par cette dernière équation est une intégrale singulière. En effet, la variable y' admet une valeur quelconque tout le long de la courbe et, par suite, peut, sur chaque point de la courbe, être égale au coefficient angulaire de la tangente en ce même point. L'appareil de démonstration que j'ai construit met en évidence une solution de ce genre.

J'ai représenté schématiquement, comme exemples, deux appareils où sont construites des équations différentielles.

La figure 22 représente une équation du quatrième ordre entre x et y, on y voit représentées ces deux variables et les quatre premières dérivées de y. Si on fait marcher x dans cette machine, y, y', y'', y''' marcheront en même temps, la vitesse de chacun de ces points étant déterminée par la valeur actuelle de chacune des dérivées y', y'', y''', y^{IV} respectivement; mais la valeur y^{IV} se déterminera à chaque instant, en fonction des valeurs x, y, y', grâce à l'équation $F(x, y, y', y^{\text{IV}}) = 0$ que nous avons construite; donc le mouvement est déterminé et nous avons construit une certaine courbe $f(xy)=0$ qui est une solution particulière de l'équation donnée. On obtiendrait d'autres solutions particulières en partant d'autres positions initiales.

La figure 23 représente quatre équations construites entre les six variables x, y, z, u, v, t et les trois dérivées $p=\frac{du}{dx}$, $q=\frac{dv}{dy}$, $r=\frac{dt}{dy}$. Si on y fait marcher en même temps x et y, on détermine directement les mouvements des points u, v, t, dont les vitesses sont réglées respectivement par les valeurs actuelles des dérivées p, q, r. Les valeurs de ces trois dérivées et celle de la variable Z seront déterminées à chaque instant par les quatre équations construites; donc le mouvement est terminé. Généralement les valeurs finales des différentes variables représentées dépendront de la manière dont on fera varier x et y, c'est-à-dire du chemin qu'on suivra en allant du point $x_0 y_0$, position initiale de la machine, au point $x_1 y_1$, position où nous voulons arriver; c'est pourquoi on n'étudie ordinairement que certains cas particuliers dont je n'ai pas à m'occuper ici. Mais, en somme, il serait toujours théoriquement possible d'établir les liaisons formulées dans un système d'équations différentielles.

VI

VARIABLES IMAGINAIRES.

Une variable imaginaire peut être représentée analytiquement par deux points se déplaçant chacun sur une ligne et, synthétiquement, par un point α (fig. 24) se déplaçant sur un plan sur lequel on indiquera l'origine a ainsi que la grandeur et la direction ab de l'unité positive.

Parfois on pourra exécuter synthétiquement quelques opérations entre variables imaginaires; ainsi nous aurons :

(Fig. 25) $\alpha' = 2\alpha$,

(Fig. 26) $\alpha'' = \frac{1}{2}(\alpha + \alpha')$.

Les points α, α', α'' (fig. 26) sont sujets à se déplacer chacun sur son tableau et reliés par le double parallélogramme qu'on voit sur la figure.

J'ai réalisé, dans un des modèles présentés à l'Académie, la construction d'une équation du second degré (1)

$$x^2 - px + q = 0 \tag{1}$$

à coefficients complexes.

Dans cet appareil il y a quatre points mobiles P, Q, X', X'', dont chacun représente soit un coefficient, soit une racine. Les liaisons mécaniques établies entre ces quatre points permettent de faire marcher arbitrairement deux d'entre eux, chacun dans son plan, et déterminent le mouvement des deux autres de telle sorte que les deux valeurs représentées par les points P, Q et la valeur représentée par l'un quelconque des points X', X'' satisfont constamment à l'équation (1).

Si on rend constant un des coefficients, q par exemple, c'est-à-dire si on rend immobile le point Q, en le fixant dans une position déterminée, nous aurons représenté dans l'appareil les deux déterminations d'une fonction de p, qu'on peut rendre explicite en résolvant l'équation (1). En somme nous aurons construit la formule

$$x = \tfrac{1}{2}p \pm \sqrt{\tfrac{1}{4}p^2 - q_1}, \tag{2}$$

q_1 étant la valeur particulière représentée par le point Q dans la position où nous le supposons immobilisé.

Cette fonction admet les deux points multiples $p = \pm 2\sqrt{q}$, et chaque fois qu'on fait marcher l'appareil de façon à faire décrire au point P un contour fermé comprenant un des points critiques, on voit se produire sur l'appareil la permutation des racines.

On pourrait, en théorie, représenter toute espèce de points singuliers; il serait même possible de réaliser quelques appareils de ce genre, qui, — utilisés comme exemples, — rendraient peut-être plus commode l'exposition de certains points de la théorie des fonctions.

Pour construire l'équation (1) j'ai d'abord construit les deux équations (2) :

$$x_1' + x_1'' = p,$$

$$x_2' \times x_2'' = q,$$

chacune dans un appareil, et j'ai combiné ensuite les deux de façon à obliger les points X_1' et X_1'' à coïncider respectivement avec les points X_2' et X_2''.

On représenterait, de la même manière, une équation algébrique quelconque. On construirait tous ses coefficients, — comme autant de fonctions symétriques des racines, — en combinant convenablement un nombre suffisant d'appareils analogues à ceux qui ont servi à construire les équations (2).

Par l'emploi d'autres mécanismes, appropriés à chaque cas, on pourra construire n'importe quelle équation entre variables complexes, car elle pourra toujours être remplacée par deux équations entre variables réelles, ce qui permettra de ramener ce cas au précédent.

Donc en pure théorie *il est possible, d'une infinité de manières, de construire un système quelconque d'équations à variables complexes.*

VII

CONSIDÉRATIONS PRATIQUES. — MÉCANISMES SANS FIN.

Il faut que les liaisons mécaniques soient établies d'une manière sûre ; donc pas de transmissions par frottement, roulettes, etc. . . .

Il faut représenter les quantités avec une exactitude suffisante ; donc à une assez grande échelle.

Il faut permettre aux quantités représentées une très grande amplitude de variation, ce qui exige, — eu égard à la condition précédente, — une grande amplitude dans la variation des déplacements correspondants.

Dans quelques cas, ces déplacements pourront être limités par la nature des calculs à faire, mais, pour nous en tenir au cas général, nous dirons qu'ils doivent pouvoir varier sans limites, ce qui nous obligera à employer seulement des mécanismes sans fin.

Or les fonctions qui peuvent être construites avec des mécanismes sans fin sont malheureusement très limitées.

Avec ces mécanismes, nous pouvons établir, entre deux mobiles, un rapport de vitesses constant ou périodique, c'est-à-dire que nous pouvons construire un appareil représenté par le symbole A, figure 8, toutes les fois que y est une fonction linéaire ou périodique de x. Nous pouvons aussi, avec un train épicycloïdal, établir entre trois déplacements x, y, z la relation $z = \frac{x - ny}{1 - n}$, n étant une constante arbitraire. On peut, en combinant plusieurs appareils de ce genre, construire des équations dont les formes peuvent varier à l'infini ; je n'ai pas à m'occuper d'étudier ces combinaisons, je ferai seulement remarquer qu'en combinant un train épicycloïdal et un train ordinaire, on arrive très facilement à construire la relation $z = x + y$ représentée par le symbole C (fig. 8).

En outre, — et c'est cette remarque qui permet de trouver une solution pratique pour calculer cinématiquement les équations algébriques, — on peut construire avec des mécanismes sans fin, — ou que, du moins au point de vue pratique, on peut tenir pour tels, — toute équation $y = f(x)$ représentant une courbe terminée par deux branches à asymptotes rectilignes et n'offrant aucun point singulier.

Supposons d'abord que les deux asymptotes soient inclinées dans le même sens, comme cela est indiqué sur la figure 27.

On peut supposer, sans erreur trop grande, que la courbe se confond avec ses asymptotes à partir de deux points, m_1, m_2, convenablement choisis et alors il s'agit de construire un mécanisme qui établisse, entre deux mobiles, un rapport de vitesses dont la valeur :

sera constante (égale à c_1) pour $x < x_1$,

variera de c_1 à c_2 quand x varie de x_1 à x_2,

et sera constante (égale à c_2) pour $x > x_2$,

c_1 et c_2 étant du même signe.

On peut y parvenir de bien des manières différentes. J'avais déjà proposé une solution comportant deux fusées sans fin [1], j'ai dernièrement construit un autre modèle qui n'en comporte qu'une seule et que j'ai l'honneur de présenter à l'Académie. Je ne décrirai ici que les organes les plus essentiels; les détails techniques, dont la description complète serait superflue, peuvent être facilement compris sur le modèle.

L'arbre H, sur lequel tourne la fusée *h* et l'arbre F, sur lequel tourne la roue dentée *j*, sont tous deux supportés par les paliers B, B', Les deux bras *r*, *r'* fixés sur l'arbre F portent un troisième arbre G, à section carrée, parallèle aux deux autres et qui peut tourner autour de deux tourillons engagés dans les bras *r*, *r'*. Cet arbre porte une roue dentée *e* fixée sur lui, qui engrène avec la roue *j*, et une autre *p*, dentée également, qui peut glisser le long de son arbre. La fusée se compose, comme on voit sur la figure, de deux bouts cylindriques dentés, réunis par une bande en spirale dentée également.

La roue *p* engrène avec le $\left\{\begin{matrix}\text{petit}\\\text{gros}\end{matrix}\right\}$ bout de la fusée pendant que la valeur de x est $\left\{\begin{matrix}< x_1\\> x_2\end{matrix}\right\}$ et elle engrène avec la bande en spirale, qu'elle parcourt dans toute sa longueur, pendant que la valeur de x varie de x_1 à x_2 ou de x_2 à x_1.

Ces mouvements sont possibles, grâce à la liberté qu'a la roue *p* de glisser sur son arbre et au mouvement de tête de cheval permis aux bras *r*, *r'*; mais, pour les obtenir, il faut avoir recours à plu-

[1] *Comptes rendus*, tome CXXI, p. 245, juillet 1895.

sieurs mécanismes accessoires, dont, comme je l'ai déjà annoncé, j'omets la description pour le moment.

Nous avons, en somme, établi entre la fusée et la roue j une transmission de mouvement dans les conditions voulues; le profil de la fusée dépendra de la forme de la courbe, figure 27.

Mais, dans cet appareil, le rapport de vitesses doit être toujours positif et de grandeur finie; or il peut se faire que la dérivée de la courbe qu'il faut construire change de signe ou devienne nulle. C'est là, précisément, le cas pour la courbe $y=\log(10^x+1)$, qu'il nous faudra construire, pour copier dans les calculs mécaniques le procédé des logarithmes additifs de Gauss, et dont une des asymptotes est l'axe des x.

Quand ce cas se présente, on construit séparément les deux valeurs :

$$y_1=f(x)+mx,$$

$$y_2=-mx,$$

on en fait ensuite mécaniquement l'addition y_1+y_2.

Il faudra donc, pour construire y, avoir recours à l'appareil figure 29; mais dorénavant — pour simplifier les schémas — je représenterai tout l'appareil, figure 29, par le seul symbole figure 30.

Ce symbole veut donc dire que nous avons établi mécaniquement entre les déplacements des deux points x et y la relation

$$y=\log(10^x+1),$$

et cela par des mécanismes sans fin seulement.

VIII

NÉCESSITÉ DES ÉCHELLES LOGARITHMIQUES.

On peut étudier quelle est la meilleure échelle de fonction au point de vue de la bonne représentation d'une quantité.

Il paraît, au premier abord, que le mieux serait de faire le déplacement proportionnel à la variable représentée. Ceci conduirait à un appareil très simple et pratiquement sans fin, un compteur ordinaire.

Mais, avec cette solution, si on prend une échelle suffisamment grande pour représenter, avec quelque exactitude, les quantités très petites, on arrive à des variations du déplacement très grandes, absolument inadmissibles quand il faut représenter des quantités très grandes. La difficulté vient de ce que nous avons une erreur absolue constante, et cette considération nous amène à faire constante l'erreur relative, qui est en réalité celle qui nous intéresse, en adoptant la représentation logarithmique.

On obtient ainsi un appareil pratiquement sans fin très simple, figure 31.

Les deux disques D, D′ tournent dans le même sens; D′ avance d'une division pour chaque tour que fait le disque D. Les index I et I′ sont fixes. C'est le déplacement du disque D qui sera égal au logarithme de la quantité représentée; on lira donc sur la graduation logarithmique D les chiffres significatifs de la quantité représentée et sur la graduation D′ le rang, à droite ou à gauche de la virgule, que doit occuper le premier chiffre significatif de cette quantité.

Si le nombre de divisions qu'on peut tracer sur un disque pouvait paraître insuffisant, — ce qui n'est guère probable, — on le remplacerait par un compteur et on permettrait ainsi à la variable d'osciller entre des limites aussi éloignées qu'on croira nécessaire.

On peut avoir une plus grande exactitude en employant une graduation comprenant plusieurs circonférences. Ceci exige l'étude de quelques détails de construction, mais cette étude est déjà faite et j'ai construit des arithmophores logarithmiques qui donnent des résultats satisfaisants.

On devra donc, sauf des cas spéciaux où la nature des fonctions des échelles sera imposée par d'autres conditions, employer toujours de préférence les échelles logarithmiques.

IMPRIMERIE NATIONALE.

Or, dans la construction de fonctions algébriques, — seul cas que nous examinerons un peu en détail, — cette représentation est en outre très avantageuse, comme on pouvait s'y attendre, et elle est même la seule qui se prête à l'emploi exclusif de mécanismes sans fin. C'est donc à elle que nous aurons recours.

IX

CONSTRUCTION DE LA FONCTION

$$\alpha = \frac{A_1 x^{n_1} + A_2 x^{n_2} + A_3 x^{n_3} + A_4 x^{n_4} + A_5 x^{n_5}}{A_6 x^{n_6} + A_7 x^{n_7} + A_8 x^{n_8}}.$$

Dans le schéma (fig. 33), cette construction est représentée en tenant compte de toutes les conventions antérieures et en introduisant le nouveau symbole (fig. 32), par lequel on indique qu'on a établi entre les valeurs simultanées des déplacements x et y la relation $y = n_i x$.

Je considère, dans la formule à construire, les quantités x, A_1, A_2, A_3. . . . . , A_8 comme autant de variables indépendantes représentées sur la machine, comme l'indique la figure, chacune par un mobile. En vertu du système de représentation adopté, le déplacement de chaque mobile sera égal, non pas à la variable qu'il représente, mais au logarithme de cette variable.

Il suffit de regarder la figure pour voir comment on construit toutes les valeurs suivantes :

$$P_1 = n_1 \log x = \log x^{n_1},$$

$$P_2 = \log x^{n_2} \; . \; . \; . \; P_8 = \log x^{n_8},$$

$$m_1 = A_1 + P_1 = \log A_1 x^{n_1},$$

$$m_2 = \log A_2 x^{n_2} \; . \; . \; . \; A_8 = \log A_8 x^{n_8},$$

$$q_1 = m_1 - m_2 = \log \frac{A_1 x^{n_1}}{A_2 x^{n_2}},$$

$$r_1 = \log(10^{q_1} + 1) = \log\left(\frac{A_1 x^{n_1}}{A_2 x^{n_2}} + 1\right),$$

$$s_1 = r_1 + m_2 = \log\left(\frac{A_1 x^{n_1}}{A_2 x^{n_2}} + 1\right) + \log A_2 x^{n_2} = \log(A_1 x^{n_1} + A_2 x^{n_2}),$$

$$q_2 = s_1 - m_3 = \log\frac{A_1 x^{n_1} + A_2 x^{n_2}}{A_3 x^{n_3}},$$

$$r_2 = \log\left(\frac{A_1 x^{n_1} + A_2 x^{n_2}}{A_3 x^{n_3}} + 1\right),$$

$$s_2 = r_2 + m_3 = \log(A_1 x^{n_1} + A_2 x^{n_2} + A_3 x^{n_3}),$$

. . . . ,

. . . . ,

$$s_4 = \log(A_1 x^{n_1} + A_2 x^{n_2} + A_3 x^{n_3} + A_4 x^{n_4} + A_5 x^{n_5}).$$

Nous avons donc construit le logarithme du numérateur. On arrive exactement de même à construire le logarithme du dénominateur $[s'_2 = \log(A_6 x^{n_6} + A_7 x^{n_7} + A_8 x^{n_8})]$ et, finalement, en faisant la construction $s_4 - s'_2$ on obtient la valeur $\log \alpha$. Toutes ces constructions sont du reste indiquées sur le schéma.

Si on veut construire une autre fonction de la même forme, mais dans laquelle les exposants de x aient d'autres valeurs différentes, on pourra utiliser la même machine, à la condition de changer la valeur des rapports de vitesses $n_1, n_2, \ldots\ldots n_8$. Il y a beaucoup de moyens de faire ce changement; j'en emploie un qui consiste à enlever, chaque fois qu'il s'agit de changer un rapport de vitesses, un train de roues dentées et à le remplacer par un autre. Je donne à ces trains le nom de *trains exponentiels*. Je les ai déjà construits et appliqués, utilement, dans une des machines que j'ai l'honneur de présenter à l'Académie.

En somme, la construction de la machine, figure 33, n'exige que des mécanismes sans fin, dont les uns sont d'un usage courant et les autres ont déjà été essayés par moi; je ne pense donc pas qu'il puisse y avoir de doutes sur la possibilité de construire et de faire marcher une pareille machine et j'estime que l'erreur relative commise en calculant la valeur α ne dépasserait jamais deux ou trois centièmes. Je n'entrerai pas dans des détails techniques, qui ne seraient pas ici à leur place, mais j'ai un projet détaillé de la machine que je voudrais construire et je suis disposé à donner toutes les explications qu'on pourrait croire nécessaires sur les affirmations que je viens de faire.

Cette machine pourrait servir pour calculer rapidement et sans la moindre fatigue toute expression de même forme, sans imposer aucune limite, quant aux valeurs absolues des variables; elles doivent pourtant être toutes positives, à cause de la représentation logarithmique. Cependant on pourra, dans la pratique, supprimer autant de termes qu'on voudra, en faisant leurs coefficients suffisamment petits pour que ces termes deviennent négligeables par rapport aux autres.

Il est clair que cette même machine peut servir pour calculer les racines réelles de toute équation algébrique, n'ayant pas plus de cinq termes d'un même signe et trois de l'autre. Nous ferons α égal au quotient d'une somme de termes d'un même signe par une somme de termes de signe contraire et nous représenterons les coefficients par les mobiles A_1, $A_2 \ldots A_8$ que nous fixerons dans la position voulue; nous ferons ensuite varier x, et chaque fois que passera la valeur l, x passera par une valeur racine. On obtiendra, de cette façon, les racines positives; pour calculer les racines négatives, on formera la transformée en $-x$ de l'équation proposée et on calculera les racines positives de l'équation ainsi obtenue.

On peut aussi construire, avec des mécanismes sans fin exclusivement, une équation ou un système d'équations algébriques entre variables complexes. J'ai déjà indiqué[1] le moyen d'y parvenir et je crois inutile d'insister ici sur ce point, car je n'ai pas de solution vraiment pratique à proposer.

[1] *Comptes rendus de l'Académie des sciences*, t. CXXI, p. 245, juillet 1895.

Planche 1.

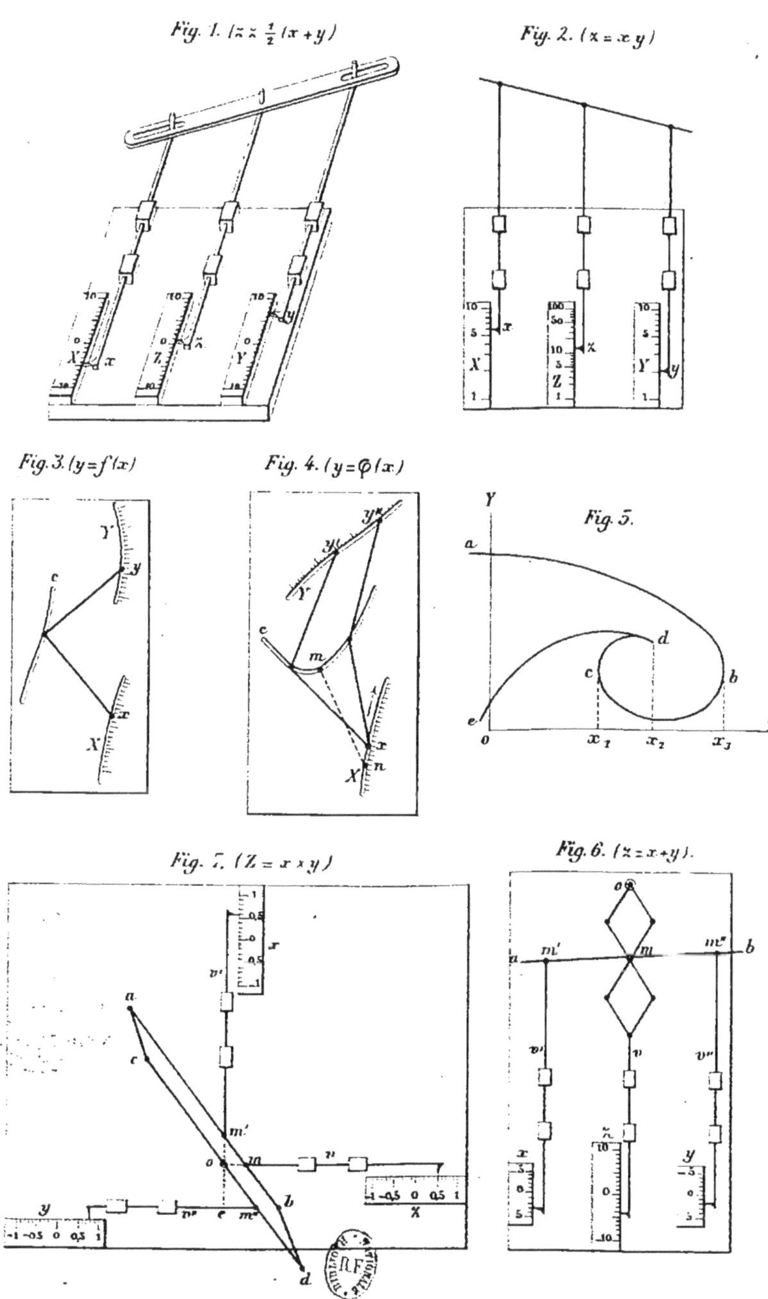

Fig. 1. $(z = \frac{1}{2}(x+y))$

Fig. 2. $(z = xy)$

Fig. 3. $(y = f(x))$

Fig. 4. $(y = \varphi(x))$

Fig. 5.

Fig. 6. $(z = x+y)$.

Fig. 7. $(Z = x \times y)$

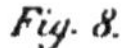

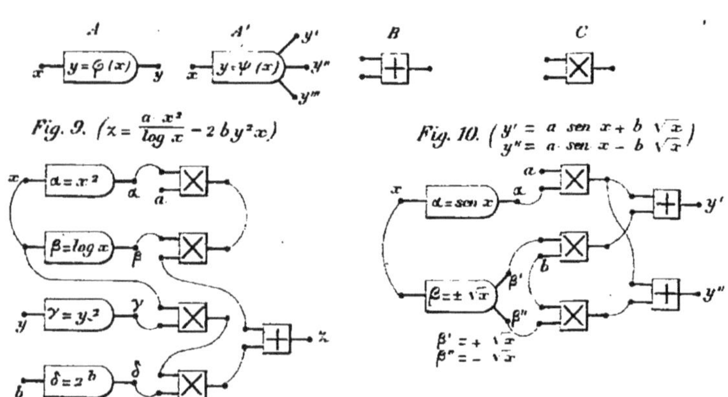

Fig. 8.

Fig. 9. ($z = \frac{a\, x^2}{\log x} - 2\, b\, y^2 x$)

Fig. 10. ($y' = a \operatorname{sen} x + b \sqrt{x}$, $y'' = a \operatorname{sen} x - b \sqrt{x}$)

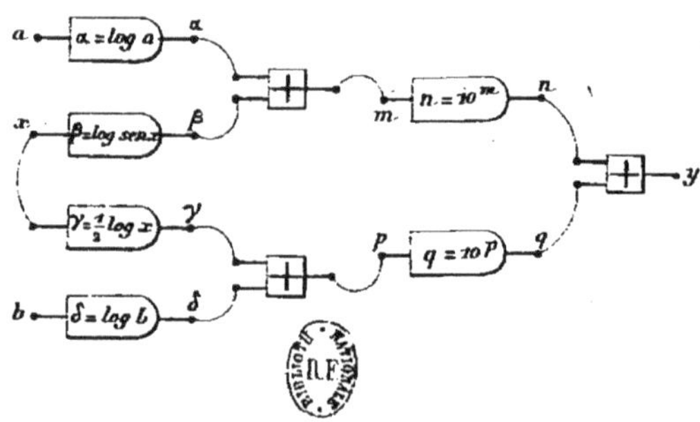

Fig. 11. ($y' = a \operatorname{sen} x + b \sqrt{x}$)

Planche 3.

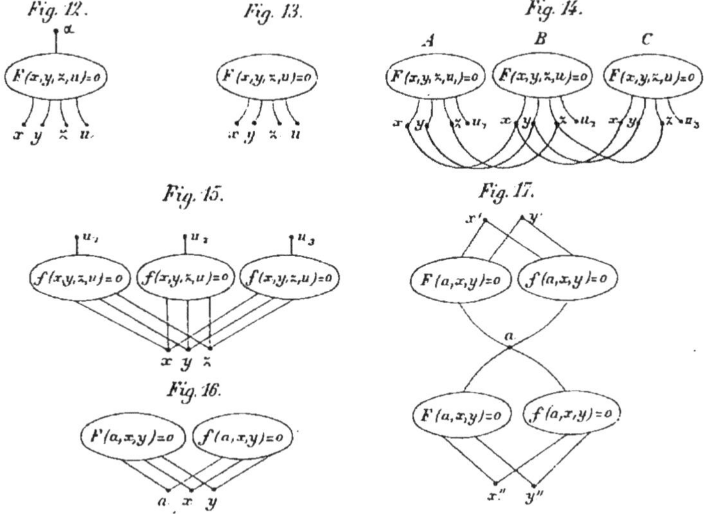

Fig. 12. Fig. 13. Fig. 14. Fig. 15. Fig. 16. Fig. 17.

Fig. 18. $(y' = \frac{dy}{dx})$

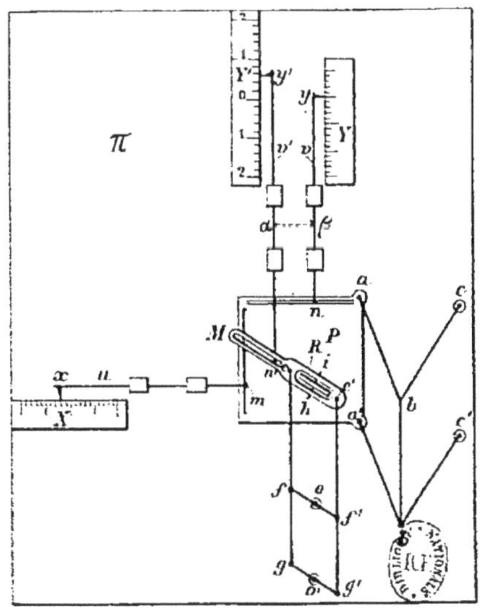

Fig. 19. $(y' = \frac{dy}{dx})$

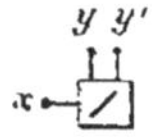

y y'

x

Fig. 20.

$(y' = \frac{dy}{dx};\ z' = \frac{dz}{dx};\ u' = \frac{du}{dx})$

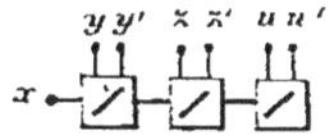

y y' z z' u u'

x

Planche 4.

Fig. 21.
Fig. 22.
Fig. 23.
Fig. 24.
Fig. 25.
Fig. 26.
Fig. 27.
Fig. 28.
Fig. 29. (y = log (10^x + 1)
Fig. 30. (y = log (10^x + 1)
F (x, y, y') = o
F (x, y, y', y^n) = o
F (x, z, p) = o
F₁ (z, u, n) = o
F₂ (t, y, z, r) = o
F₃ (x, y, q) = o
y₁ = f(x) + m x
y₂ = − m x

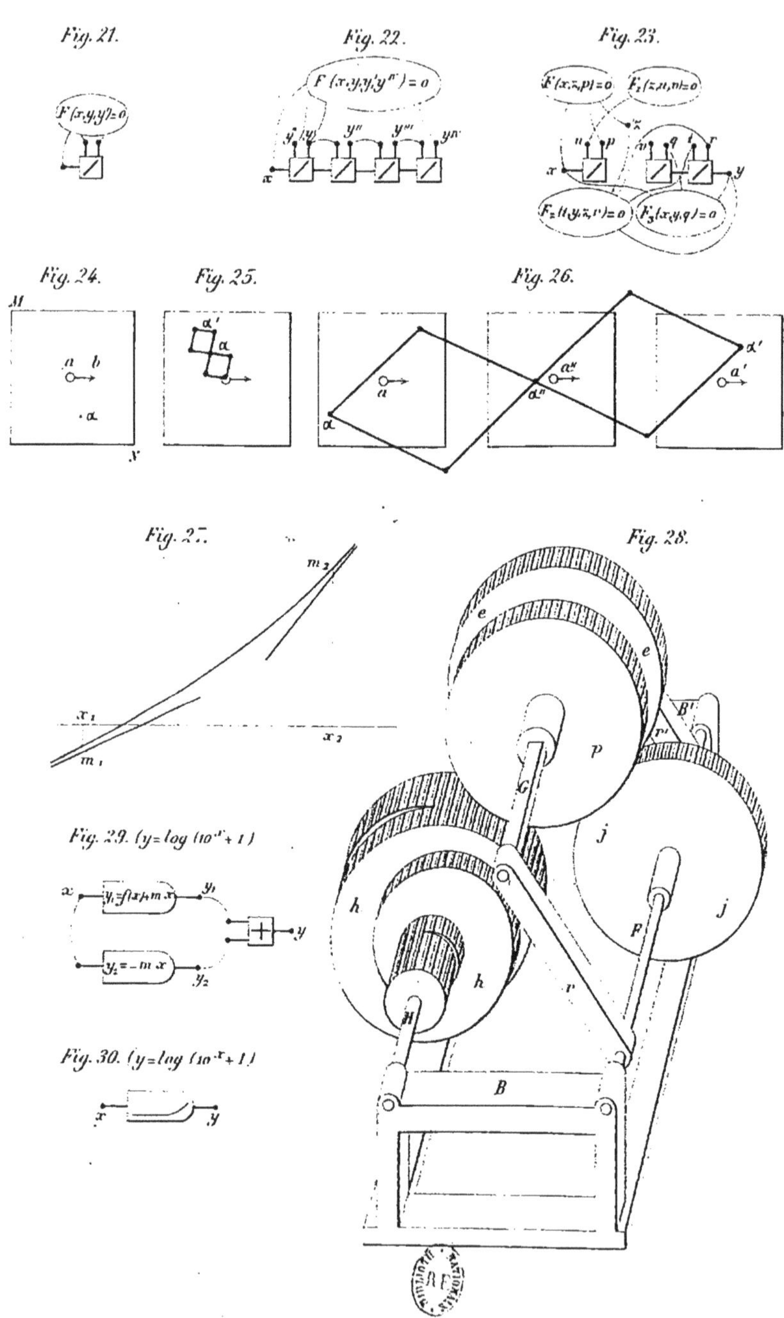

Fig. 31.

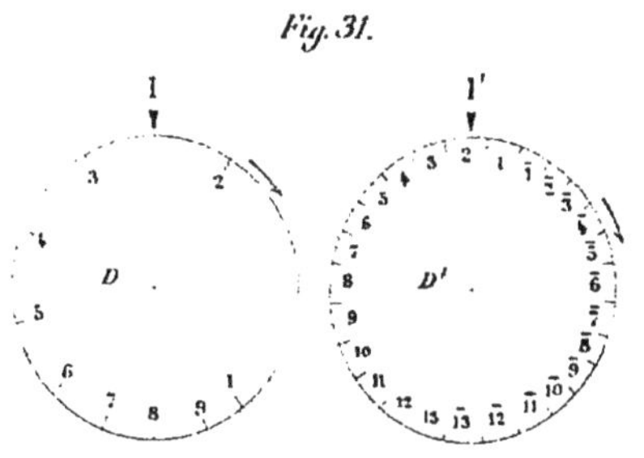

Fig. 32.

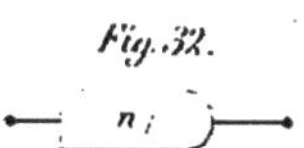

Fig. 33.

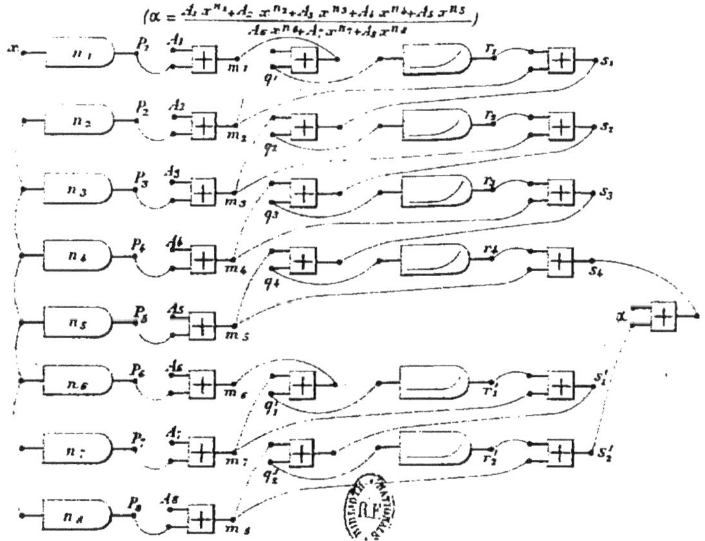

www.ingramcontent.com/pod-product-compliance
Ingram Content Group UK Ltd.
Pitfield, Milton Keynes, MK11 3LW, UK
UKHW021035220726
13924UKWH00001B/334

9 782019 917654